上：時代を超えた植物学者の集い。中央にはディオスコリデスが座り、その左側には本を持った大プリニウスが、右側には植物の若枝を持ったアラブの植物学者がいる。この図版が掲載された書籍は、もともとは12世紀にアラビア語で書かれたと思われるが、のちに小セラピオンの作とされ、アラブ世界の知識をヨーロッパに広めるのに大きく貢献した（ペーター・シェーファーにより1484年に出版）。

BRITISH WILD FLOWERS
THEIR NAMING AND FOLKLORE
BY GERALD PONTING
Copyright©2022 by Gerald Ponting

Japanese translation published by arrangement with
Wooden Books Ltd. through The English Agency (Japan) Ltd.
All rights reserved.

本書の日本語版翻訳権は、株式会社創元社がこれを保有する。
本書の一部あるいは全部についていかなる形においても
出版社の許可なくこれを使用・転載することを禁止する。

イギリスの美しい野の花
名前の由来と伝承

ジェラルド・ポンティング 著　山田美明 訳

創元社

幼いころから私に野草への愛情を育んでくれた母親ネリー・ポンティングと、ミス・マリオン・ダークの思い出に本書を捧げる。マリオンは8歳のときに、BBC放送の番組『Children's Hour』の『Nature Parliament』シリーズで私の名前を聞き、野草に関する質問状を送ってきた。その後も、亡き父の蔵書『Flowers of the Field』を贈呈してくれるなどの厚誼に預かり、しまいには自分をおばだと思ってほしいとまで言ってくれた。また、植生や植物誌など、野草に関する書籍の執筆者、とりわけジェフリー・グリグソンには多大な恩義を感じている。グリグソンの2冊の著書『An Englishman's Flora』と『A Dictionary of English Plant Names』は、私の研究に計り知れないほど役立った。さらに、いくつもの有益な提案をしてくれたマーティン・ランド、サンドラ・ホーン、アンソニー・ライト、妻のエリザベスに感謝する。本書をこれほど魅力的な本にするために誠心誠意努力してくれたジョン・マーティヌーにも心からの謝意を伝えたい。

上:『大植物誌』の本扉の挿絵。イングランド初の挿絵入りの植物誌で、1526年にピーター・トレヴェリスによりロンドンで出版された。前景には2つのマンドレイクに挟まれたシロツメクサなどの花が、後景には果実や花を集める人の姿が描かれている。扉絵:スミレ。

もくじ

はじめに……………………………………………… 1

古代ギリシャ・ローマの植物学者 ………………… 2

ルネサンス期の植物学者 …………………………… 4

特徴類似説 …………………………………………… 6

ジェラードの本草書 ………………………………… 8

植物学者を記念して ……………………………… 10

タンポポに似た花 ………………………………… 12

ルースストライフとピンパーネル ……………… 14

古代ギリシャに由来する名称 …………………… 16

ブルーベルとヘアベル …………………………… 18

バチェラーズ・バトンズ ………………………… 20

カウスリップとプリムローズ …………………… 22

セランダイン ……………………………………… 24

草地を彩る花 ……………………………………… 26

シェイクスピアが記した花々 …………………… 28

秘めやかな植物 …………………………………… 30

求愛の花 …………………………………………… 32

イラクサとギシギシ ……………………………… 34

いがのある実とくっつく実 ……………………… 36

風とともに去りぬ ………………………………… 38

採食する技術 ……………………………………… 40

自然の薬局 ………………………………………… 42

傷を癒やす植物 …………………………………… 44

用途にちなんで名づけられた植物 ……………… 46

穀物畑と時計 ……………………………………… 48

物語とのつながり ………………………………… 50

低木などの木本植物 ……………………………… 52

つる植物 …………………………………………… 54

毒のある植物 ……………………………………… 56

野草を守るために ………………………………… 58

図版出展 …………………………………………… 59

　　　マーシュ・マリーゴールド　　　　　　　　コーン・マリーゴールド
　　　（和名セイヨウリュウキンカ）　　　　　　　（和名アラゲシュンギク）

上：マリーゴールド（「聖母マリアの黄金色の花」の意）はいつから「マリーゴールド」になったのか？　黄金色の花を咲かせるコーン・マリーゴールド（「穀物畑のマリーゴールド」）は、かつて耕作地一面に長い列をつくって繁茂していたため、16世紀の『農業書』には「厄介な雑草」と記されていた。かつては単に「ゴールド」と呼ばれていたが、「コーン・マリーゴールド」と呼ばれるようになったのは、園芸種のマリーゴールドを連想させるからだ。こちらは聖母マリアにまつわる、お告げの日の祭りに使われる花である。皮肉なことに園芸種のマリーゴールドは、役に立たない農地の「ゴールド」と区別するために、聖母マリアの名前をもらったのかもしれない。

はじめに

キングカップは、春に黄色の花を咲かせるなじみの野草で、その名称はキングサイズのバターカップ（キンポウゲ）という意味である。この植物はマーシュ・マリーゴールド（「湿地のマリーゴールド」）とも呼ばれるが、こちらは明らかに、この植物の生息環境である低湿地や、別系統のコーン・マリーゴールド（*Glebionis segetum*）との対比に由来する。そのほか、サマセットではゴルディロックス、ハンプシャーではハルカップ、ノーサンプトンシャーではジョン・ジョージズ、チェシャーではイエロー・ブーツと呼ばれるなど、イギリス各地でさまざまな名前がある。1958年にはジェフリー・グリグソン（1905～1985年）が方言辞典などの資料を調べ、田舎で見かける一般的な野草の地方名を整理した。それによれば、マーシュ・マリーゴールドには91種類にも及ぶ別名がある。ヨーロッパ全域での名称となると、それをはるかに超えるだろう。だからこそ植物学者には、それぞれの植物に対して国際的に認められた学名が必要なのだ。この場合で言えば、*Caltha palustris* がそれにあたる。

野草の俗称は、さまざまな起源を持つ。たとえば、1100年以前に使われていた古英語に由来するものもあれば、フランス語やドイツ語などの現代語から採用されたものもある。

1480年代以降の植物誌［ある地域の植物の総目録］の著者たちが、古代の文献を調べ、ギリシャ語やラテン語の名称をイギリスの植物にあてはめることもよくあった（4頁を参照）。記念すべき人物の名前にあやかって、あるいは伝説などの物語に基づいて、英名を考案することもある。

名称が、その植物の効用を示している場合もある。これは、必ずしもそうとは限らないが、薬用や食用として使われる植物に多い。顕花植物の場合には、花をつける時期や生息環境、成長のパターン、ほかの植物との類似に基づいて命名されることもある。

古代ギリシャ・ローマの植物学者

ディオスコリデスと大プリニウス

植物の体系的な研究を記録に残した最初の人物は、ローマの属州キリキア（現在のトルコ南部）出身のギリシャ人、ペダニウス・ディオスコリデス（紀元40〜90年）である（口絵参照）。ディオスコリデスの著書はギリシャ語で書かれているが、『De Materia Medica（薬物誌）』というラテン語名のほうがよく知られており、主に身体の苦痛を癒やす植物の効用を扱っている。この本は、続く1000年以上もの間に手書きで苦労しながら何度も複写され、ほかの言語に翻訳されてはまた複写されるうちに、少なくともヨーロッパ全域では権威ある植物誌となった。

同じころ、ローマの博物学者である大プリニウス（紀元23〜79年）が、さまざまな資料や調査からの情報を集め、『博物誌』の執筆に取り組んでいた。これは結果的に37巻に及ぶ大著となったが、そのうちの16巻が植物にあてられている。その記述は、神話や迷信が事実と同等に扱われており、空想に近い部分もある（24頁のセランダインを参照）。それにもかかわらず、この著書もまた『薬物誌』と同じように繰り返し複写され、200種類以上の中世の写本が現存している。プリニウスは最後まで自然現象に関心を抱き、ポンペイを壊滅させた火山の噴火を間近に見ようと近隣の町を訪れ、56歳で死亡した。

本頁と左頁:ディオスコリデス著『薬物誌』の6世紀の写本の挿絵。ウィーンに現存しているが、これらの挿絵が、1世紀に記された原本の挿絵を模写したものなのかどうかはわからない。

ルネサンス期の植物学者
植物誌出版の始まり

1450年代、ドイツのマインツでヨハネス・グーテンベルクが印刷機を発明すると、情報の普及に革命が起きた。これには、現代のインターネットに匹敵すると言っても過言ではない文化的意義があった。この新たなテクノロジーは瞬く間に広がり、印刷業者たちは間もなく、古代ギリシャ・ローマの文献の出版にとりかかった。そのなかに植物誌もあった。

1469年にはプリニウスの大著の印刷版が、1478年にはディオスコリデスの著書の印刷版が現れた。1484年には、グーテンベルクの徒弟だったペーター・シェーファーが『ラテン語本草書』を出版し、何度も増刷されるほどの人気を博した。これは、印刷物として新たに構想されたものと思われるが、植物の記述は以前の写本を利用している。

それから数世紀にわたり、ヨーロッパ北部の植物学者たちは、古代ギリシャ・ローマの文献を大幅に援用しながら新たな植物誌を編纂した。そのため、オットー・ブルンフェルス（ドイツ、1530年）やヘンリー・ライト（イングランド、1578年）らが執筆した植物誌を見ると、地元の植物の説明に、地中海地方に見られる植物の記述をあてはめている。筆者たちはどうやら、冷涼な地域と温暖な地域とでは植物相が異なることに気づいていなかったらしい。

ルネサンス期の植物学者が古代ギリシャ・ローマの名称を北方の（おそらくはまったく違う）植物にあてはめた事例には、ミルクワート（「乳の草」、右頁を参照）やヤナギタンポポ（12頁）、ルースストライフ（14頁）、セイヨウキンミズヒキ（右頁および16頁）などがある。

左：薬草やそれに関する知識は、人間の生活の重要な一部となっていた。

下：『ラテン語本草書』(1484年)に掲載された図版。左から順に、ニガヨモギ、カモミール、セイヨウキンミズヒキ、ホップの絵。

左頁：コンラート・フォン・メゲンベルク著『自然についての本』(1475年)より。風景の一部でも単なる装飾でもない、最初期の植物の木版画である。

右：ミルクワート（*Polygala vulgaris*）。ディオスコリデスによれば、ヒツジやヤギが「polugalon」と呼ばれる植物を食べると乳が豊富に出ると考えられていたという。イングランドの白亜（石灰岩）が豊富なダウンランド地方に咲く小さな花（一般的には青だがピンクのものもある）は、ウィルトシャーではシェパーズ・タイム（「羊飼いのタイム」）と呼ばれていた。ライトはこれを、古代ギリシャの「polugalon」と同じ植物だと思い込み、ミルクワートという英名をつけると、授乳中の人間の母親にこれを処方した（ギリシャ語の「polugalon」もラテン語の「polygala」も「たくさんの乳」を意味する）。

ミルクワート

特徴類似説
見かけが真実への懸け橋に

フィールド・スケイビアス(「野の疥癬」、*Knautia arvensis*)という名称の愛らしい青い花が、不愉快な皮膚病である疥癬(scabies)とどんな関係があるのか？ この植物名も病名も、最終的な語源は、ラテン語で「引っかく」を意味する「scabo」に行き着く。というのも、この植物のつぼみも乾いた種のかたまりも、「疥癬」にかかったような見かけをしているからだ。そのためかつての薬剤師は、疥癬など、むずがゆい皮膚の治療に、この植物を調合した薬をよく使った。

こうした考え方は、一見荒唐無稽に見えるかもしれないが、この植物の名称の由来になっただけでなく、かつての医学のあらゆる理論を生み出すきっかけにさえなった。1530年ごろにパラケルスス(1493〜1541年)により導入され、ジャンバッティスタ・デッラ・ポルタ(1535?〜1615年)の『植物観相学』(1588年)により本格的に体系化された理論である。それによれば、モモのようなハート形をした果実は心臓病の治療に効果があり、クルミの仁は脳の病気を癒やすと考えられた。また、隠花植物であるゼニゴケの平たい緑の「葉状体」は、人間の肝臓の葉と同じように裂片に分けられるので、肝臓病の治療に効果があると見なされた。そのほかにも、セランダイン(24頁参照)やオーキッド(30頁参照)などの例がある。

ゼニゴケ

フィールド・スケイビアス

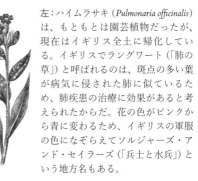

左：ハイムラサキ（*Pulmonaria officinalis*）は、もともとは園芸植物だったが、現在はイギリス全土に帰化している。イギリスでラングワート（「肺の草」）と呼ばれるのは、斑点の多い葉が病気に侵された肺に似ているため、肺疾患の治療に効果があると考えられたからだ。花の色がピンクから青に変わるため、イギリスの軍服の色になぞらえてソルジャーズ・アンド・セイラーズ（「兵士と水兵」）という地方名もある。

オトギリソウ

左：オトギリソウ（*Hypericum* spp.）は、英名をセント・ジョンズ・ワート（「聖ヨハネの草」）という。植物学者のウィリアム・コールズ（1626～1662年）はこう記している。「オトギリソウの葉には小さい穴が無数にあり、皮膚にたくさんある毛穴に似ているため、皮膚上に起こりうるあらゆる傷やけがに効く」。現在ではこの植物の調合薬が、鬱病に推奨されている。黄色の花を咲かせるため、ノーフォークではペニー・ジョン（「1ペニー銅貨のヨハネ」）と呼ばれていた。

左：ジャンバッティスタ・デッラ・ポルタの特徴類似説。ポルタは、病気やけがの治療に有効な植物について、神がヒントを授けてくれている（「特徴」を配している）と信じていた。その著書『植物観相学』に掲載されたこの挿絵は、マツかさやクロアザミのつぼみ、ヤナギの尾状花、ユリの球根などのような「うろこ」状の植物が、うろこ状になった皮膚の治療に使えることを示している。ヘビや魚も、うろこ状の皮膚の例に含まれるらしい！

ジェラードの本草書
植物誌の頂点

ジョン・ジェラード（1564～1637年）は、自身がホルボーンにつくった庭園に、1000種を超える植物を栽培していた。ただし、1597年に出版されて人気を博した『ジェラードの本草書』は、レンベルト・ドドエンスが1554年に発表したオランダ語の植物誌の英訳をもとにしている。ところで、ジェラードはシェイクスピア（1564～1616年）と面識があったのだろうか？　シェイクスピアの住まいはホルボーンから遠くはなかった。シェイクスピアの戯曲の台詞を見れば、彼が植物や園芸に興味を抱いていたことは明らかであり（17、18、23、26～30、54頁を参照）、蔵書のなかには『ジェラードの本草書』もあったのかもしれない。

ジェラードはタンポポ（Taraxacum spp.）についてこう記している。「甘い香りの黄色の花が、ふわふわとした綿毛の球に変わり、風に運ばれていく」。その英名であるダンデライオンは、フランス語で「ライオンの歯」を意味する「dentes de lion」に由来する（歯の形がぎざぎざのため）。

ジェラードはまた、多くの植物に新たな名称を考案した。たとえば、イギリスに自生して白い花を咲かせるシロブドウセンニンソウ（Clematis vitalba、下図）について、こう記している。「人々が通る道や生け垣を飾りたて、魅力的なものにする」植物だから、「私はこれをトラベラーズ・ジョイ（「通行人の楽しみ」）と名づける」。この植物は南部ではオールド・マンズ・ベアード（「老人のあごひげ」）と呼ばれていた。これは、綿毛を備えた種子に由来する。タンポポと同じように、風を使って種を拡散するのである。現在は一般的にクレマチスと呼ばれている。

『ジェラードの本草書』(1597年) の挿絵の抜粋。英訳はロバート・プリースト博士が始め、のちにジェラードがその仕事を引き継いだ。

植物学者を記念して
学名のつけ方

　レッド・バルチア（*Odontites vernus*）は目立たない植物だ。花はくすんだ赤色で、イネ科の植物の間に育ち、半ばそれらの植物に寄生している。そのため、誰の注意を引くこともなく、いかなる地方名もつけられることがなかった。そこで英名をつける際には、かつての属名を採用することになった。カール・フォン・リンネ（1707～1778年）がスウェーデンの植物学者ヨハン・バルチュ（1709～1738年）にちなんでバルチアと名づけた属名を、そのまま英名にしたのである。バルチュはオランダ領スリナムを探検している際に、熱帯性の気候にさらされてひどく身体を害し、29歳で死亡した。

　属名のあとに種名を記すリンネの二名法は現在でも、学者が植物や動物を命名する方法として使用されている。その際には、植物の学名に植物学者の名前を組み込むことが、以前からよく行なわれている。こうした学名のなかには、一般名称として受け入れられているものもある。

　たとえばダリア（下図）は、1791年に命名された学名に基づいている。メキシコから最初の標本が送られてきたときに、バルチュの2年前に死んだスウェーデンの植物学者アンドレアス・ダール（1751～1789年）を記念して命名された。そのほか、メキシコのジニア（zinnia）も、バイエルンの植物学者ヨハン・ツィン（1727～1759年）にちなんで命名されている。

ダリア

レッド・
バルチア

イエロー・
ラトル

ヤセウツボ

レッド・バルチアの分類
界：植物界
門：被子植物門
目：シソ目
科：ハマウツボ科
属：オドンティテス属
種：オドンティテス・ウェルヌス
（オドンティテスは「歯痛」を、ウェルヌスは「春に咲く」を意味する）

イエロー・ラトル（*Rhinanthus minor*）は、イネ科やマメ科の植物に半寄生し、実がなるころになると、風に吹かれるたびにガラガラと音が鳴る。農民はその音を聞いて、干し草になる牧草を刈る時期が来たことを知った（この草のせいで収穫は減ることになるが）。この植物を野草の草地に植えると、生物多様性が増す。イネ科の植物の成長を抑え、ほかの種が成長できるようになるからだ。

エニシダ（*Cytisus scoparius*、左図）は、床を掃くのに使用されたため、「ほうき」を意味する「ブルーム」がそのまま英名になった。

ナギイカダ（*Ruscus aculeatus*、右図）は、英名をブッチャーズ・ブルーム（「肉屋のエニシダ」）という。ヴィクトリア朝時代の肉屋がクリスマス用のサーロイン肉を飾るのに使ったからだ。赤い実のついたこの植物の小枝を添えるのである。種名の *aculeatus* は、ラテン語で「とげが多い」を意味する。

ヤセウツボ（*Orobanche minor*）は、葉も葉緑素もない完全寄生植物であり、エニシダやハリエニシダなどの根から養分を吸う（上図のようにシロツメクサにも寄生する）。イギリスではブルームレイプと呼ばれるが、このレイプは古い英語で「カブ」を意味し、この植物がふくらんだ根を持つことを意味する。

エニシダ

ナギイカダ

タンポポに似た花

星のなかの星

　タンポポ属（*Taraxacum* spp.）はキク科（Asteraceae）に属する。キク科は、かつては*Compositae*という学名だった。これは、キク科の植物の花が「複合的（composite）」だからだ。1つの「花」は、実際にはもっと小さな花の集まりであり、それが頭花を構成している。頭花の周囲に広がる「花びら」は、その1枚1枚が「舌状花」と呼ばれる1つの花であり、その内側には「筒状花」と呼ばれる花が並んでいる。筒状花は、5枚ある小さな花びらが1つに融合しており、雄しべが雌しべの花柱の周囲に集まって筒のような形状をしている。基部からは細い冠毛が無数に伸びており、やがて実が熟すると、それが綿毛となって種子の「パラシュート」になる（右下図を参照）。

　タンポポ属はきわめて変異の多い属であり、数百ある種や亜種を区別するには、専門的な知識が必要になる。ヤナギタンポポ属（*Hieracium* spp.）にも同じことが言える。その英名がホークウィード（「タカの草」）となったのは、1568年に植物学者のウィリアム・ターナー（1508?～1568年）が、プリニウスの言う「hieracion」（ギリシャ語で「タカ」を意味する「hierax」に由来する）はこの植物にあたると見なしたからだ。ターナーの記述によれば、タカはこの野草を裂き、「その汁で目を潤し、目のかすみを癒す」という。

　キク科のタイプ属［科を代表する属］はシオン属（*Aster*）である。この属名は、「星」を意味するギリシャ語に由来する。ミケルマス・デイジー（シムフィヨトリクム属だが、かつてはシオン属に分類されていた）は北アメリカ原産の植物だが、園芸植物として広まり、いまではイギリスに帰化している。

ミケルマス・デイジー　　カワリミタンポポモドキ　　フタマタタンポポ　　ヤナギタンポポ

ホークビット(「タカのひと口」)と呼ばれるカワリミタンポポモドキ属(*Leontodon* spp.)、ホークス・ベアーズ(「タカのひげ」)と呼ばれるフタマタタンポポ属(*Crepis* spp.)、ホークウィード(「タカの草」)と呼ばれるヤナギタンポポ属(*Hieracium* spp.)、マウス・イヤー・ホークウィード(「ネズミの耳の'タカの草'」)と呼ばれるコウリンタンポポ属(*Pilosella* spp.)は、タンポポに似た小さな花をつける。

左端：ノボロギク(*Senecio vulgaris*)は英名をグラウンドセルという。7世紀には「目やにや膿を飲み込むもの」を意味する「gundesuilge」と呼ばれ、目を潤す薬として利用された。その後、荒れ地を瞬く間に占領してしまうため、「土地を飲み込むもの」を意味する「grundeswylige」と呼ばれるようになり、現在の英名に至った。

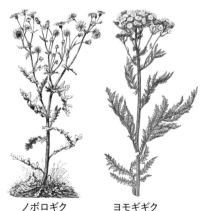

ノボロギク　　ヨモギギク

左：ヨモギギク(*Tanacetum vulgare*)の一般的な英名はタンジーだが、サマセットではゴールデン・バトンズ(「金のボタン」)と呼ばれた。多種多様な薬効のため、古くから栽培・採集されてきた。植物学者のニコラス・カルペッパー(1616〜1654年)はこう推奨している。「子どもを望む女性はこの薬草を好きになるといい。夫を除けば最良の友となる」。刺激的なにおいがあるため、肉にこすりつけるなどして、ハエを追い払うのに利用された。

ルースストライフとピンパーネル
ユキノシタとは無関係

セイヨウクサレダマ（*Lysimachia vulgaris*）は、1548年にターナーによりイエロー・ルースストライフ（「黄色の'争いからの解放'」）と命名された。ディオスコリデス（2頁を参照）が「lusimakheios（「争いからの解放」を意味する）」と呼んでいた植物がこれにあたると考えたからだ。プリニウスはさらに詳しくこう述べている。「仲の悪い雄牛同士をつなぐくびきの上にこの植物を置けば、争いを抑えられる」

ターナーはまた、イエロー・ルースストライフに見かけが似ているという理由から、エゾミソハギ（*Lythrum salicaria*）の英名をパープル・ルースストライフ（「紫色の'争いからの解放'」）と命名した。だが、確かにどちらにも長い花穂と披針形の葉はあるものの、両者は無関係である。オフィーリアの死を描いたミレーの絵では、このパープル・ルースストライフが、シェイクスピアの言う「長い紫の花」を表現している（30頁を参照）。この植物にはさまざまな薬効があると言われ、下痢の治療薬、のどの痛みを和らげるうがい薬、目薬に利用された。

イエロー・ピンパーネル（「黄色のルリハコベ」、*Lysimachia nemorum*）は、イエロー・ルースストライフよりはるかに丈の低い植物である。スカーレット・ピンパーネル（「緋色のルリハコベ」）と呼ばれるアカバナルリハコベ（*L. arvensis*）は、緋色と言いながら青い花をつけるものもあり、耕地雑草としてよく知られている。これらはいずれもサクラソウ科（*Primulaceae*）に属する。一方、古フランス語に由来するパンプルネルは、ピンパーネル（ルリハコベ）ではなく、バーネット・サクシフレイジ（「ワレモコウのユキノシタ」、*Pimpinella saxifraga*）を指す。

バーネット・サクシフレイジ

セイヨウクサレダマ　　　エゾミソハギ　　　イエロー・ピンパーネル

アカバナルリハコベ　　オポジット・リーヴド・
　　　　　　　　　　ゴールデン・サクシフレイジ

左：オポジット・リーヴド・ゴールデン・サクシフレイジ（「対生葉の黄金色のユキノシタ」、*Chrysosplenium oppositifolium*）は葉も小さな花も薄い黄色で、そのためバタード・エッグズ（「バターをつけた卵」）と呼ぶ地方もある。ユキノシタ属の植物の大半は岩の割れ目などに生えるが、これは日陰の湿った場所を好む。サクシフレイジ（ユキノシタ）という名称は、ラテン語で「岩」を意味する「SAXUM」と、「砕く」を意味する「FRANGERE」に由来する。この植物が、人間の胆石を砕く効果があると考えられていたからだ。

左上：アカバナルリハコベの花は、午後や雨天時には閉じてしまうため、ジョン・ゴー・トゥー・ベッド・アット・ヌーン（「ヨハネは午睡する」）やシェパーズ・ウェザーグラス（「羊飼いの湿度計」）という名称もある。この花は、その名称を冠したバロネス・オルツィの小説（1905年）のシンボルとなり、主人公の仮名として使われた［邦訳は『紅はこべ』圷香織訳、東京創元社、2022年など］。

古代ギリシャに由来する名称
くちばしの長い鳥、大雨、虹

ヤブイチゲ（*Anemone nemorosa*）は白い花をつけ、花びらに薄い紫色の筋が出ることもある。その英名であるウッド・アネモネ（「森のアネモネ」）は、ギリシャ語で「風」を意味する「anemos」に由来し、ウィンド・フラワー（「風の花」）とも呼ばれてきた。古代ローマの詩人オウィディウス（紀元前43〜後17 ?年）は、この花についてこう記している。「だがその美しさはつかの間だけ。花びらは軽やかに垂れ下がっているが弱々しく、その名前の由来となった風に吹き飛ばされる」。風という名称は、その花が風の強い3月に咲くことと関係していると思われる。あるいは古代ギリシャ人が、古いアラム語で「愉快」を意味する「na'aman」をこの植物にあてたのかもしれない。

セイヨウキンミズヒキ（*Agrimonia eupatoria*）の細長い黄色の花穂は、荒れた草地によく見られる。アグリモニーという英名は、ギリシャ語で「目のなかの大雨」を意味する「argemon」に由来する。実のところディオスコリデスは、この症状の治療に使われたケシの1種にこの名前をつけた。ところがヨーロッパの植物学者たちは、そのケシにはまったく似ていないにもかかわらず、セイヨウキンミズヒキにこの名前をあてたのである（5頁）。中世の詩人チョーサーは、あらゆる傷や背中の痛みに、この葉を煎じた薬を推奨している。この植物にはさらに、チャーチ・スティープルズ（「教会の尖塔」）やフェアリーズ・ワンド（「妖精の魔法の杖」）、スティックルワート（「くっつく草」）といった名称もある。

ヤブイチゲ　　セイヨウキンミズヒキ

左：低湿地や川辺に生える優雅なキショウブ（*Iris pseudacorus*）は、一般的にはイエロー・アイリス（「黄色のアヤメ」）と呼ばれるが、イエロー・フラッグ（「黄色の旗」）という別称もある。シェイクスピアの作品に登場する「フラワー・デ・ルース」（フランス語の「フルール・ド・リス」）はこの植物のことなのかもしれない。ただし、イエロー・アイリスという名称は矛盾している。イリスが虹の女神となって以来、ギリシャ語の「iris」は「虹」を意味し、虹色の花をつけるアヤメにその名がつけられたからだ。

キショウブ

右：スミレ色の花をつけるノハラフウロ（*Geranium pratense*）は、イングランドの田舎でさまざまな種が見られるフウロソウ属（*Geranium*）に属する。英名のメドウ・クレインズビル（「草地の'ツルのくちばし'」）が示す通り、その実の姿はツルの長いくちばしに似ており、この属名も、ギリシャ語で「ツル」を意味する「geranos」に由来する。ちなみに、園芸用の「ゼラニウム（geranium）」はこのフウロソウ属ではなく、南アフリカ原産のテンジクアオイ属（*Pelargonium*）に属する。こちらは、やはり長いくちばしを持つ「コウノトリ」を意味するギリシャ語「pelargos」に由来する。

ノハラフウロ

グリーン・アルカネット

左：グリーン・アルカネット（「緑のアルカナ」、*Pentaglottis sempervirens*）は、大陸種であるダイヤーズ・アルカネット（「染色屋のアルカナ」、*Alkanna tinctoria*）との類似から、そう命名された。地中海原産のこの植物の名称は、アラビア語の「al-henna」に由来する。これは、この植物の根から取れる赤い染料を指し、主に温度計のなかの液体に色をつけるのに使用された。だが、グリーン・アルカネットから染料は取れない。花が空のように青いため、エヴァーグリーン・アルカネット（「永遠のアルカネット」）と呼んだほうがいいかもしれない。

17

ブルーベルとヘアベル

またしてもややこしい話とスイセン

「ブルーベル」という名称が *Hyacinthoides non-scripta* に対して使われた最古の記録は、1794年である。それ以前のイングランドでは、ベルの形をした愛らしい青い花を咲かせるこの植物は、クロウトウズ（「カラスのつま先」）やヘアベル（「ノウサギのベル」）などと呼ばれていた。1人で森に来た人がこの花を摘むと、いたずら好きの妖精に連れ去られるという。茎から採れるねばねばした汁は濃縮され、矢に羽をつけるのりとして利用された。

シェイクスピアの戯曲『シンベリン』では、アーヴィラガスが「もっとも清らかで美しい花」の話をする際に、「淡いプリムローズ」とともに「空色のヘアベル」を挙げているが、シェイクスピアの念頭にあったのはブルーベルなのかもしれない。ややこしいことに、イトシャジン（*Campanula rotundifolia*、右図）は現在、イングランドではヘアベルと呼ばれているが、スコットランドではブルーベルと呼ばれている。ちなみに、サマセットでの名称はブルーベルズ・オブ・スコットランド（「スコットランドのブルーベル」）である。ヘアベルという名称は、茎がとても細いため、「髪のベル」に由来すると思われがちだが、そうではなく、生息地が草地で、ノウサギと同じだからである。ノウサギは古くから魔女の動物だと考えられてきたため、この野草には、ウィッチ・ベルズ（「魔女のベル」）やウィッチズ・シンブルズ（「魔女の指ぬき」）といった名称もある。

ブルーベル　　ヘアベル
　　　　　　（イトシャジン）

ラッパスイセン

ボグ・アスフォデル

上：「黄金色のスイセンの群れ」というワーズワースの有名な句は、ラッパスイセン（*Narcissus pseudonarcissus*）を指しているのだと思われる。この植物はいまでも、荘厳な黄色で森林地や草地を帯状に彩っている。一般的な英名ワイルド・ダフォディル（「野生のスイセン」）のほか、ダフ・ア・ダウン・ディリーという呼び名もあるが、中世にはアスフォデルと混同されてアフォディルと呼ばれていた。だが、イギリスでよく見かけるアスフォデルの仲間は、小さな黄色の花を咲かせるボグ・アスフォデル（「沼地のアスフォデル」、*Narthecium ossifragum*）だけである。

ウッド・スパージ　　セイヨウジュウニヒトエ

左：ウッド・スパージ（「森のトウダイグサ」、*Euphorbia amygdaloides*）は、伐採された雑木林で無数に花をつける。その青々と茂った緑は、ブルーベルの天然の引き立て役になる。珍しい緑色の花の見た目から、サマセットではデヴィルズ・カップ・アンド・ソーサー（「悪魔のカップと受け皿」）と呼ばれる。「通じをつける薬草」であり、天然の下剤になる。

左：セイヨウジュウニヒトエ（*Ajuga reptans*）の英名ビューグル（「ガラスの管玉」）は、その小さな青い花が、かつて衣服の装飾品として縫いつけられた、つやのあるガラスのビーズにたとえられたことに由来する。決して楽器にたとえられたわけではない［訳注／ビューグルには「軍隊ラッパ」の意味もある］。

バチェラーズ・バトンズ
ロマンスの行方

バチェラーズ・バトンズ（「未婚男子のボタン」）という名称をつけられてきた野草は、少なくとも15種類にのぼる。遠く離れたデヴォンとカンバーランドではレッド・キャンピオン（*Silene dioica*、右頁）に、サフォークではアワユキハコベ（46頁）に、サマセットではキンポウゲ（27頁）とツルニチニチソウ（33頁）とゴボウ（36頁）とヨモギギク（13頁）すべてに、ハンプシャーではマツムシソウモドキ（右頁）に、そのほか多くの地域ではマーシュ・マリーゴールド（1頁）に、この名称があてられてきた。

この名称は、田舎の若い未婚の男性がボタン穴にこれらの花を挿している姿を想起させる。実際16世紀には、少女がエプロンの下にレッド・キャンピオンの花を複数隠し持ち、それぞれの花に結婚相手にふさわしい若い男性の名前をつけていた。その後もっとも広く花びらを開いた花の男性が、いちばん好ましい結婚相手なのだという。

ジョン・クレアが1827年に書いた詩『5月』には、同様の占いが描写されている。「若い乙女が愛の言葉をささやく」際には、クロアザミ（*Centaurea nigra*）の目立つ筒状花を使って恋人を占った。クロアザミの英名はコモン・ナップウィード（「一般的な'頭の草'」）である。

少女たちはクロアザミの頭花から
小さな花の糸を引っ張り
ほほえみながらそのさやを
しばらく白い胸に抱く
恋人を正しく占えたのなら
甘い戯れを望む恋人は自分を求める
1時間もたたないうちに
第2の花が咲く
ことになろう

グレイター・ナップウィード

レッド・キャンピオン

ホテイマンテマ

上：レッド・キャンピオン。「キャンピオン」という言葉の由来はよくわかっていない。おそらくはこの花を使ってチャンピオン（王者）の花輪をつくったのだろう。シー・キャンピオンと呼ばれるホテイマンテマ（*Silene uniflora*）は、断崖や砂利だらけの浜辺に生え、鮮やかな白い花びらと魅惑的な芳香で夜行性の蛾を引き寄せる。同じマンテマ属（*Silene*）のほかの仲間は、ねばねばした分泌液を出すことから、キャッチフライズ（「ハエ捕り」）と呼ばれる。

右：マツムシソウモドキ（*Succisa pratensis*）。小さな青い花をつける一見無害そうな野草だが、デヴィルズ・ビット・スケイビアス（「'悪魔の1口'のマツムシソウ」）という英名は、中世の植物学者がつけたラテン名「morsus diaboli」に由来する。悪魔がその根をかみちぎり、この野草が持つ治癒力を弱めたのだという。カルペッパーはあらゆる種類の病気にこれを推奨している。ジェフリー・グリグソンが1970年代に野草の英名を収集してみると、悪魔に関連する名称が60近くあった。たとえば、ベラドンナ（56頁）はデヴィルズ・チェリーズ（「悪魔のサクランボ」）、セイヨウヒルガオ（55頁）はデヴィルズ・ガット（「悪魔のはらわた」）と呼ばれている。

左頁：ピンクの花を咲かせるグレイター・ナップウィード（「大きな'頭の草'」、*Centaurea scabiosa*）。同属のコモン・ナップウィードは荒れた草地で見られ、ハードヘッズ（「固い頭」）とも呼ばれる。つぼみや若い実が固いからだ。「ナップ」（あるいは「ノップ」）は、ドイツ語やフランス語で「頭」を意味する。

マツムシソウ
モドキ

カウスリップとプリムローズ

*Primula veris*と*Primula vulgaris*

プリムローズとカウスリップ（和名はキバナノクリンザクラ）は、春に黄色の花を咲かせる植物として広く愛されているが、かつては両者の名前が混同して使用されていた。1629年には植物学者のジョン・パーキンソンが両者をこのように区別している。「1本の茎の上に1つ花をつけるものだけをプリムローズと呼び、1本の茎の上にたくさん花をつけるものをカウスリップと呼ぶ」。国王チャールズ1世の王室首席植物学者だったパーキンソンは、薬草だけでなく観賞用の植物も記録した最初期の人物だった。

プリムローズという名称は、ラテン語で「最初のバラ」を意味する「prima rosa」に由来する（この場合の「バラ」は大まかに「花」を意味する）。春に最初に咲く花だと考えられていたのだ。

カウスリップは花びらに赤い斑点があるため、その調合薬はしみのある肌をきれいにする効果があると言われていた。花が茎の上に集まって咲き、鍵束のように見えなくもないため、かつてサマセットではセント・ピーターズ・キーズ（「聖ペテロの鍵」）と呼ばれていた。カウスリップという名称は、古英語の「cowslop」に由来し、「雌ウシのふん」を意味する。この野草がウシの放牧地に生えるからだろう。

イギリスでウッド・アヴェンズ（「森のダイコンソウ」）と呼ばれるセイヨウダイコンソウ（*Geum urbanum*、下図）には、ハーブ・ベネットという名称もあるが、これは、ラテン語で「神聖な薬草」を意味する「herba benedicta」に由来する。この植物の根に、クローブのような香りや風味があるからだ。

セイヨウダイコンソウ

プリムローズ　　　　カウスリップ　　　　オックスリップ
　　　　　　　（和名キバナノクリンザクラ）　（和名セイタカセイヨウサクラソウ）

上：プリムローズとカウスリップとオックスリップ(「雄ウシのふん」)。シェイクスピアは『冬物語』のなかで、パーディタが言う「春の花」のなかに「派手なオックスリップ」を含めている。フォールス・オックスリップ(「偽のオックスリップ」)は、カウスリップとプリムローズとの自然雑種(*P. veris* x *vulgaris*)であり、真のオックスリップ(*Primula elatior*)はイングランド東部でのみ見られる。

キバナモクセイソウ　　クロスワート

左：キバナモクセイソウ(*Reseda lutea*)は、緑がかった黄色の花が並ぶ花穂をつける。カウスリップ同様、石灰質の土壌を好む。新石器時代以来、ウェルドと呼ばれる黄色染料をつくるのに利用されてきた。ミニョネットという英名は、フランス語で「いとしい人」を意味する。

クロスワート(「十字の草」、*Cruciata laevipes*)も、白亜質の土地で見られる。名称はラテン語名「cruciata planta」に由来し、茎の周囲に一定の間隔をおいて4枚の小さな葉が十字形に並んでいる姿を指す。その上に、薄い黄色の小さな花が集まって咲く。スムース・ベッドストロー(「心地よい寝わら」)という名称もある。

セランダイン

クサノオウ (*Chelidonium majus*) とヒメリュウキンカ (*Ranunculus ficaria*)

この2種はどちらもセランダインと呼ばれるが、お互いにまったく関係がなく、黄色の花をつけるという点を除けば、共通点はほとんどない。グレイター・セランダイン（「大きいセランダイン」、和名はクサノオウ）はケシの1種であり、レッサー・セランダイン（「小さいセランダイン」、和名はヒメリュウキンカ）はキンポウゲ科である。セランダインという名称は、「ツバメ」を意味するギリシャ語「chelidonia」に由来する。プリニウスの『博物誌』（2頁参照）にはこう記されている。「ツバメはchelidoniaの力を借りて、巣にいるひなの視力を回復する。一説によると、目がくり抜かれたときにも効果があるという」。プリニウスはそのあとで、もっとありふれた説明を追加している。これらの植物の開花時期が、ツバメが渡ってくる時期と一致する、と。

キバナセツブンソウ (*Eranthis hyemalis*) もキンポウゲ科であり、見かけはヒメリュウキンカに似ている。もともとは中央ヨーロッパ原産で、年の初めに、ときにマツユキソウ（下図）と一緒に咲く。英名はウィンター・アコナイト（「冬のトリカブト」）というが、トリカブト (*Aconitum spp.*) と混同してはいけない（トリカブトについては「毒のある植物」56～57頁を参照）。

マツユキソウ (*Galanthus nivalis*) の英名コモン・スノードロップ（「一般的な'雪のしずく'」）は、花の色や形、および雪がまだ残っている時期に花を咲かせる事実による。かつてはデュードロップ（「露のしずく」）、ホワイト・ベルズ（「白いベル」）などと呼ばれた。1659年の記述には、「早くから白い花を咲かせる球根状のスミレ」とある。

マツユキソウ

ヒメリュウキンカ

上：ヒメリュウキンカは、春いちばんに花をつける野草である。生け垣によく使われ、その鮮やかな星形の花は、春の訪れを告げるとともに、冬眠から目覚めたマルハナバチに蜜や花粉を提供する。パイルワート（「痔の草」）とも言われるのは、その小さい多肉質な根が痔に似ているからだ。

クサノオウ

上：クサノオウは、ヒメリュウキンカと同じセランダインという英名をもつが、このふたつは無関係である。この植物から調合されたチンキ剤は、点眼薬に使われた。茎から採れる黄色の汁が、いぼの治療に使用されたため、サマセットやウィルトシャーではワートワート（「いぼの草」）と呼ばれた。

キバナセツブンソウ

上：キバナセツブンソウの黄色の花は、ヒメリュウキンカ（上図）の花と見間違われることがある。

ウィンター・ヘリオトロープ

上：ウィンター・ヘリオトロープ（「冬のヘリオトロープ」、*Petasites pyrenaicus*）はイギリスに帰化しており、冬になると、薄い藤色がかったピンク色の花をつけ、芳香を漂わせる。

草地を彩る花

ハナタネツケバナとキンポウゲ

ハナタネツケバナ（*Cardamine pratensis*）は、春に淡いピンクがかった藤色の花を咲かせる愛らしい野草であり、イギリスではミルクメイズ（「乳しぼりの娘」）と呼ばれる。日に当たるとほぼ白に見えるため、この植物が生える草地でウシの乳をしぼる少女の肌を連想したのかもしれない。ジェラードによれば、ククー・フラワー（「カッコウの花」）とも呼ばれていたが、これは「カッコウがその心地よい鳴き声を奏で始める4月や5月に」花を咲かせるからだという。そのほか、レディズ・スモック（「聖母マリアのスモック」）という名称も、イングランド各地に共通して現在でも使われている。これはもともとスモックだけだった。だが「スモック」は、17世紀には「セックスの対象としての女性」という好ましくない意味合いを持つ俗語として使われていた。そのため、このみだらな名称がキリスト教化され、「聖母マリアのスモッ

ク」となったのかもしれない。ジェラードもこの見解を採用してこう述べている。「私が生まれ育ったチェシャー州のナントウィッチでは、レディズ・スモックと呼ばれている。そこで私は、わが故郷の風習にならってこの植物を命名することにした」。この野草は、シェイクスピアの『恋の骨折り損』のなかの歌にも取り上げられている（カッコウと姦通とを暗に結びつけている）。

銀白色のハナタネツケバナと
黄色のキンポウゲが
草地を楽しげ
に彩ると
カッコウが木々
にとまって
既婚男性をあ
ざわらって歌う
カッコウ、と

ハナタネツケバナ

キンポウゲ

左：キンポウゲ（*Ranunculus* spp.）は、シェイクスピアがククー・バッズ（「カッコウのつぼみ」）と呼んでいた野草である。バターカップという英名は、カップ形の黄色い花と、この植物が生える草地で草をはむウシが生み出すバターの色とを組み合わせたものだ（ただし、つんとした刺激臭があるため、ウシはこの植物を食べない）。晴れた日にこれを小さな子どものあごの下にかざし、その色が口のあたりに反射すれば、その子どもはバター好きなのだという。

下：キンポウゲ属に属するいくつかの水生種は、ウォーター・クロウフット（「水辺の'カラスの足'」）と呼ばれる。これは、細く分かれた水中の葉が、カラスの足に似ているからだ。ただし、丸い浮水葉を持つ種もあり、白い花を水面上に現す。ウォーター・クロウフットには刺激臭がないため、かつては舟でこれらを集めてウシのえさにしていた。

ウォーター・クロウフット

セイヨウコウホネ

左：イギリスに自生する水生植物にはそのほかにも、セイヨウコウホネ（*Nuphar lutea*）があるが、こちらは原始的な科に属する。泥のなかに根茎を伸ばし、大きな浮水葉を広げ、長い茎の先に黄色の花をつける。一般的な英名はイエロー・ウォーター・リリー（「黄色のスイレン」）だが、南部のいくつかの地域ではブランディ・ボトルと呼ばれる。花にワインのような香りがあり、種のさやの形がボトルに似ているからだ。

シェイクスピアが記した花々

ヒナギク、スミレ、サンシキスミレ

「多色のヒナギクと青いスミレ……」。シェイクスピアは『恋の骨折り損』のなかでそう記している（ハナタネツケバナに触れた行のすぐ前である。前項を参照）。

ヒナギク（*Bellis perennis*）は、イギリスではきわめて認知度の高い花だが、きれいな芝生を好む園芸家にとっては悩みの種である。その英名デイジーは、古英語で「昼の目」を意味する「daeges-eage」に由来する。これは、日中に開く白い花の黄色い中央部が太陽のように見えるからだ。チョーサーはこう記している。「人は何か理由があってそれを／『デイジー』あるいは『昼の目』と呼ぶのかもしれない／女帝にしてあらゆる花のなかの花よ」

スミレの英名ヴァイオレットは、初期フランス語に由来するが、そのもとをたどれば、ラテン語の「viola」に行き着く。普段から植物の「美点」にも関心を抱いていたジェラードは、スミレの美しさを熱弁している。

ドッグ・ヴァイオレット（「イヌのスミレ」、*Viola riviniana*）はスウィート・ヴァイオレット（「甘いスミレ」、和名はニオイスミレ）より一般的だが、ニオイスミレにある心地よい香りがない。グリグソンも記しているように、「ドッグ（イヌ）やホース（ウマ）は、近縁の種に対して劣っていることを示すために使われる」。生け垣をはい上がって薄いピンクの美しい花を咲かせるイヌバラ（*Rosa canina*）も、英名はドッグ・ローズ（「イヌのバラ」）であり、園芸種のバラよりも劣っていると見なされてそう命名された。プリニウスによれば、イヌバラの根は恐水病に効果があるという。

ヒナギク

ニオイスミレ　　　　ドッグ・ヴァイオレット　　　イヌバラ

上：スミレはシェイクスピアの戯曲のなかに18回登場するが、多くはニオイスミレ（*Viola odorata*）であり、その芳香がすぐに失せてしまうことに言及している。『ハムレット』では、レアティーズが妹のオフィーリアに、ハムレットから離れるよう警告してこう述べる。「春もまだ浅い時期に咲くスミレ／早く咲くが永遠ではなく、甘くにおうが長くは続かない／ただひとときの芳香と満足／それだけだ」

シロツメクサ

左：シロツメクサ（*Trifolium repens*）は、ほかのどの野草よりもイギリスの昆虫に蜜を提供しており、ハチにとっては大好きな植物である。花から蜜を吸えるため、シェイクスピアはこれをハニーストークス（「蜜の茎」）と呼んだ。英名はホワイト・クローヴァーだが、クローヴァーという語は古くからあり、ほかの言語でも同じような名称で呼ばれている。

サンシキスミレ

左：サンシキスミレ（*Viola tricolor*）は、イギリスではワイルド・パンジーのほか、ハーツ・イーズ（「心の安らぎ」）やラヴ・イン・アイドルネス（「怠惰な愛」）とも呼ばれる。これはおそらく、向かい合った2枚の花びらが、キスをしようとしている恋人同士に見えるからだろう。パンジーという語は、フランス語で「思い」を意味する「pensée」に由来する。シェイクスピアの『夏の夜の夢』では、オベロンが媚薬として、この「西方に咲く小さな花」を使う。

秘めやかな植物

オーキッドとマムシアルム

　アーリー・パープル・オーキッド（「早い時期に咲く紫色のラン」、*Orchis mascula*）は、イギリスではきわめて一般的な野生のランで、白亜質のダウンランド地方に咲き乱れることもある。その花の色や開花時期からそう命名されている。シェイクスピアが『ハムレット』のなかで、溺死したオフィーリアが持っていた花輪を描写したときには、この植物が念頭にあったのかもしれない。「長い紫の花／口の悪い羊飼いたちが下品な名前をつけ／おとなしい娘たちが死者の指と呼び習わしている花」。だがシェイクスピアは、ワーウィックシャーでこの野草の名前を知ったようだが、そこではロング・パープルズ（「長い紫の花」）やデッド・メンズ・フィンガーズ（「死者の指」）という名称は、マムシアルムを指す。マムシアルムの一般的な英名は、ワイルド・アルム（「野生のアルム」）である。

　この２つの野草のどちらにも、きわめて「下品」な地方名がたくさんある。たとえば、さまざまな地域でどちらの野草にも、ドッグズ・ストーンズ（「睾丸」）という名称があてられている。マムシアルムは、ククー・ピント（「カッコウの軸棒」）やパーソン・イン・ザ・プルピット（「司祭の軸棒」）とも呼ばれるが、この「軸棒」は男性器を意味する。現在では一般的にローズ・アンド・レディーズ（「貴人と貴婦人」）という上品な名称が使われているが、これは、古い下品な名称に代わるものとして意図的につくられた名称である。

マムシアルム

右：ビー・オーキッド（「ハチのラン」、*Ophrys apifera*）の花には、茶色がかった赤や黄、ピンクの濃淡による複雑な模様がある。それがマルハナバチの姿にとてもよく似ているうえに、花がそのメスのにおいを放つため、オスが交尾しようとやって来る。こうして確実に受粉できるようにしているのである。それほど一般的ではないが、フライ・オーキッド（「ハエのラン」、*O. insectifera*）もまた、日当たりのいい場所で、小さな昆虫の羽に似た花を咲かせる。オーキッドには、1対の塊茎があるという特徴がある。この名称は、ギリシャ語で「睾丸」を意味する「orkhis」に由来する。若草が養分を吸って成長していくにつれて、一方の塊茎は縮んでいくが、やがて季節が過ぎると、葉から送られてくる養分を蓄えて、もう一方の塊茎がふくらんでいく。ふくらんだ塊茎を調合した薬は性欲を高め、縮んだ塊茎を調合した薬は性欲を弱めると言われ、早くもディオスコリデスがそう記録している。

ビー・オーキッド　　フライ・オーキッド

左：アーリー・パープル・オーキッドはイギリス全土で見られ、アダム・アンド・イヴ（「アダムとエヴァ」）やケイン・アンド・エイベル（「カインとアベル」）、ダックス・アンド・ドレイクス（「雌ガモと雄ガモ」）など、2つの単語を並べた地方名がたくさんある。これは、塊茎のことがよく知られ、頻繁に利用されていたことを示唆している。

左頁：マムシアルム。小さな花を無数に並べて直立する肉穂花序が仏炎苞に包み込まれており、全体が性交のシンボルのように見える。そのため、この植物の塊茎が催淫薬として利用された。

アーリー・パープル・オーキッド

求愛の花

ワスレナグサとヤドリギ

シンワスレナグサ（*Myosotis scorpioides*）は、5月から9月にかけて、大小の河川や湖、池のそばで花を咲かせ、イギリスでは一般的にウォーター・フォゲット・ミー・ノット（「水辺の'私を忘れないで'」）と呼ばれる。サマセットではバーズ・アイ（「鳥の目」）、ハンプシャーではロビンズ・アイ（「コマドリの目」）と呼ばれるが、これらはいずれも、青い花の中心にある黄色の星形模様（「目」）を指している。フォゲット・ミー・ノットという名称はドイツ語を直訳したもので、詩人のサミュエル・テイラー・コールリッジが1802年の詩「形見」のなかで用い、一般に広めた。

> 小川や、泉や、濡れた道端を
> 独り歩いても見つけられない
> あの輝く目をした青い小川の小花を
> あの上品な宝石、美しいフォゲット・
> ミー・ノットを見つけられたら！

ドイツ語に由来する英語の植物名にはほかにも、コモン・トードフラックス（「一般的な'カエルのアマ（亜麻）'」、*Linaria vulgaris*) がある（和名はホソバウンラン）。こちらはドイツ語の「krottenflax」をもとに、1548年にターナーがそう翻訳した。この名称のなかのフラックスは、この植物の葉がアマに似ていることに由来する。カエルとの関連については、さまざまな説が提示されているが、黄色の花が大きな「口」に見えるからという説がもっとも有力である。壁をはい上がるアイヴィー・リーヴド・トードフラックス（「ツタの葉の'カエルのアマ'」、*Cymbalaria muralis*）は、コモン・トードフラックスの近縁種で、花も似たような形をしている（和名はツタバウンラン、右頁）。

ホソバウンラン

ワスレナグサ

オウシュウヤドリギ

上：オウシュウヤドリギ（*Viscum album*）の英名ミスルトウは、古英語で「別の枝」を意味する「mistel-tan」に由来する。ヤドリギが寄生している木とは異なる姿をしているからだ。バイキングの愛の女神フリッガにとって神聖な植物だが、彼女にまつわる神話に基づいて現代人もヤドリギの下でキスをするしきたりがある。

上：ワスレナグサ。伝説ではこう言われている。騎士と貴婦人が川辺を歩いていると、貴婦人が対岸にある花を見つけた。そこで騎士は対岸まで泳ぎ、貴婦人のためにその花を摘み取った。だが、対岸からこちらへ戻る際に、濁流にのまれてしまった。騎士は溺れ死ぬ間際にその花を貴婦人に投げ、中高ドイツ語でこう叫んだという。「vergisz mein nicht（私を忘れないで）」

ツルニチニチソウ

上：ツルニチニチソウ（*Vinca major*）およびヒメツルニチニチソウ（*V. minor*）の英名であるペリウィンクルは、プリニウスが記述した「vinca pervinca（「縛り絡みついて支配する」）」をもとにした古英語に由来する。中世に使用された「ミミズの粉末を混ぜたツルニチニチソウ」の調合薬は、夫婦の愛を高める効果があったと言われる。

ツタバウンラン

イラクサとギシギシ

とげとその解毒薬

　世界中の人が知っている野草を1つ挙げるとすれば、イラクサだろう。セイヨウイラクサ（*Urtica dioica*）は、一般的な英名であるコモン・ネトル（「一般的なイラクサ」）よりも、スティンギング・ネトル（「刺すイラクサ」）という名称でよく知られる。攪乱された土地を好むため、人間の居住地の近くで見かけることが多い。放棄されてから時間がたった土地にもよく生える。

　「ネトル」という言葉は、古英語に由来し、織物をつくる際に繊維質の茎を利用したことと関係があるのかもしれない。適切に調理すれば、葉はサラダに使えるほか、スープの材料にもなる。

　そのとげは、草食動物に対する効果的な防御になる一方で、人間もこれに触れると、肌にひりひりする発疹ができる。この植物は、特に葉の裏側が、特殊な針状の毛に覆われている。それに軽く触れると、それぞれの毛が皮下注射機のような役目を果たし、蟻酸などの化学物質を注入する。ただし、この植物をしっかりつかむと、毛は押し倒されて皮膚には刺さらない。「イラクサをつかむ（grasp the nettle）」という表現が「思いきって難しい問題に取り組む」ことを意味するのはそのためだ。

　ほかにも、葉がイラクサによく似ている植物はあるが、とげはない。たとえば、道端でよく見かけるタイリクオドリコソウ（*Lamium album*）もその1つで、英名もホワイト・デッドネトル（「白い'死んだイラクサ'」）である。輪生の花がハチに好まれる。

セイヨウイラクサ

上：ツルオドリコソウ（*Lamiastrum galeobdolon*）はタイリクオドリコソウに似ており、森林地でブルーベルと一緒に、複雑な模様のある花をつける。英名はイエロー・アークエンジェル（「黄色の大天使」）である。中世には、レッド・デッドネトルと呼ばれるヒメオドリコソウ（*Lamium purpureum*）など、オドリコソウ属の大半の仲間が「アルカンジェリカ（「大天使」を意味するアークエンジェルの古語）」と呼ばれていた。不愉快なとげがないことを意味しているのだろう。ツルオドリコソウは、モルヴァン丘陵の周辺ではイエロー・ウィーゼル・スナウト（「黄色のイタチの鼻」）と呼ばれていたが、これは種名の *galeobdolon* が意味するように、葉をつぶすと「イタチのようににおう」からだ。

下：イラクサのとげに対する解毒剤は、その近くに生えていることが多い。エゾノギシギシ（*Rumex obtusifolius*、下図）の葉をすぐに肌にこすりつけると、とげによるひりひりが鎮まる。

いがのある実とくっつく実
ついでにシャクも

　田舎を散歩すると、服やイヌの毛から、いがをむしり取る手間が必要になることがある。1948年には、ジョルジュ・ド・メストラルが野生のゴボウの種のさやについている鋭いかぎを顕微鏡で調べ、それをヒントにマジックテープを発明した。ゴボウのなかでもイギリスでもっとも一般的なのはヒメゴボウ (*Arctium minus*) であり、レッサー・バードック (「小さいゴボウ」、右下図) と呼ばれる。

　ゴボウの根や葉は、主に極東で食用にされる。ゴボウの根から抽出されたオイルは、頭皮の手入れに利用されている。「ダンデライオン・アンド・バードック (タンポポとゴボウ)」と呼ばれる飲み物は、中世には発酵させたゴボウの根を原料としていたが、現代ではゴボウを原料としたものはあまり見かけない。

　衣服や毛に「くっつく」ことで種を拡散させる一般的な植物にはそのほかに、シラホシムグラ (*Galium aparine*) がある (右頁左上)。これには、一般的な英名であるクリーヴァーズ (「くっつくもの」) のほか、スティッキー・ウィリー (「くっつくヤナギ」)、クラッギー・メギーズ (「くっつくマーガレット」)、グース・グラス (「ガチョウの草」、家禽が好んだため)、キッシイズ (「キス」)、スイートハーツ (「恋人」) といった別名もある。スイートハーツと呼ばれるのは、友人の衣服についた種をボーイフレンドやガールフレンドに見立て、その数を数えては友人をからかったからである。

ゴボウ　　　ヒメゴボウ

シラホシムグラ

シャク

セイヨウフキ

上：シャク（*Anthriscus sylves*）は、イギリスではカウ・パースリー（「ウシのパセリ」）とも、クイーン・アンズ・レイス（「アン女王のレース編み」）とも呼ばれる。その葉は、ペットのウサギのいいえさになる。サマセットでは「エルトロット」と呼ばれた。「パースリー」という言葉は、ギリシャ語で「岩」と「セロリ」を意味する「petros」と「selinon」から派生したフランス語やラテン語に由来する。「カウ（ウシ）」は、パセリより質が劣っていること、あるいはウシの通り道や小道に生えていることを指している。

左：ゴボウの英名はバードック（「いがのあるギシギシ」）であり、その名称のなかの「ドック」は、葉が似ているドック（ギシギシ）に由来する。それと同じように、セイヨウフキ（*Petasites hybridus*）の英名であるバターバーの「バー」も、バードックにやや似ていることに由来する。ただし、こちらにいがはない。その大きな葉はかつて、農婦が市場で売る自家製のバターを包むのに使われた。

風とともに去りぬ

アザミの綿毛のように軽やかに

　イギリスには、シスルと総称されるとげの多い植物が、アザミの仲間など、7属にわたり28種もある。古英語の「thistel」は、もっと古い言語に由来するものと思われる。その軽い種子には冠毛がついており、風で数キロメートル離れたところまで飛んでいくこともある。同じように、種を広く拡散させるために綿毛を使う植物はほかにもある。

　1本の茎を高く伸ばし、総状にピンクの花をつけるヤナギラン (*Chamerion angustifolium*) は、イギリスではローズベイ・ウィロウハーブ (「キョウチクトウに似た'ヤナギの草'」) と呼ばれる。8万もの種子を生み出し、焼けた土壌でもよく発芽する。19世紀半ばには珍しい植物だったが、鉄道網の発展にうまく便乗した。その種は、蒸気機関車が生み出す風に乗って漂い、火の粉で焼けた土手で発芽し、いまではイギリス全土でよく見られるようになった。「ローズベイ」という名称はターナーが考案し、「ウィロウハーブ」という名称は、ヤナギの葉に似ていることに由来する。アメリカではファイアーウィード (「火の草」) と呼ばれるが、これは、そう呼んでいたドーセットの住民が大西洋を越えて伝えたのかもしれない。

ノゲシ　　　ジャコウアザミ　　　ヤナギラン

左：印象的な白い花を咲かせるフランスギク（*Leucanthemum vulgare*）は、イギリスではオックス・アイ・デイジー（「ウシの目のヒナギク」）と呼ばれ、車道脇でよく見かける。ヤナギランやボロギク同様、こちらは車の往来が生み出す風を利用して、軽い種子を無数に拡散している。この英名はギリシャ語の「bouphthalmon」を翻訳したもので、かつてはイエロー・オックス・アイ・デイジー（和名はアラゲハンゴンソウ）やコーン・デイジー（和名はアラゲシュンギク、コーン・マリーゴールドの別名、1頁参照）と区別するため、ホワイト・オックス・アイ・デイジー（「白いウシの目のヒナギク」）と呼ばれていた。ちなみに現代では、「buphthalmos」は牛眼症を意味する医学用語である。

フランスギク

右：オックスフォード・ラグワート（「オックスフォードのボロギク」、*Senecio squalidus*）は、シチリア島のエトナ山の山腹で採取され、1770年代にオックスフォード大学植物園で生育されていたが、それから60年もたたないうちに、その鮮やかな黄色の花がオックスフォード駅周辺でも見られるようになった。するとそこから、列車が生み出す風に乗って種が運ばれ、鉄道沿線で発芽した。鉄道線路の砂利が、原産地の火山性溶岩の代わりになったのだ。オックスフォード・ラグワートもコモン・ラグワート（「一般的なボロギク」）と呼ばれるヤコブボロギク（*Senecio jacobaea*）も、ウマやウシには有毒であり、偶然干し草に紛れ込んだりすると問題になる。ラグワートの「ラグ」は、「ラグド（ぎざぎざ）」の葉を意味する。ヤコブボロギクは、ウェールズではスティンキング・ウィリー（「くさいヤナギ」）と呼ばれ、黄と黒のしまのあるアカイロハデヒトリ（*Tyria jacobaeae*）の幼虫のえさとなる。

ヤコブボロギク

採食する技術
自然の恵み

イギリス人が庭で栽培しているニンジンは、根が紫色のアジア原産種から派生したものであり、イギリスの石灰質の草地に自生するノラニンジン (*Daucus carota*) ではない。ノラニンジンは、イギリスではワイルド・キャロット(「野生のニンジン」)と呼ばれ、この植物のギリシャ名である「karoton」に由来する。一方、散形花序の黄色の花を咲かせるパースニップ (*Pastinaca sativa*) の名称やその属名は、ラテン語で「掘る」を意味する動詞「pastinare」と関係している。

イギリスでファット・ヘン(「太ったヘンリー」)と呼ばれるシロザ (*Chenopodium album*) は、グッド・キング・ヘンリー(「善き国王ヘンリー」)と呼ばれるキクバアカザ (*C. bonus-henricus*) と近縁関係にある。どちらも先史時代から食料とされ、葉がホウレンソウのように使われていた。油分の多いシロザの実は、トーロンマンの最後の食事のなかに含まれていた。トーロンマンとは、デンマークの泥炭地で発見された、死蝋化した鉄器時代の男性の遺体である。

つぶすとキュウリのようなにおいがするサラダ・バーネット(「サラダのワレモコウ」、*Poterium sanguisorba*) の種名は、傷の止血に効果がある薬草として使用されたことと関係している。

ラムソン (*Allium ursinum*) はワイルド・ガーリック(「野生のニンニク」)とも呼ばれ、かつては料理に使われた。この2つの名称はどちらも古英語に基づく。17世紀の日記作家ジョン・イーヴリンはこう記している。「これは淑女の口に合わないどころか、彼女たちに求愛する男性の口にも合わない!」

ラムソン

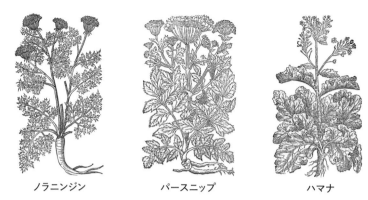

ノラニンジン　　　　　パースニップ　　　　　ハマナ

上：主要食品の野生種。ハマナ（*Crambe maritima*）は、白い花をつけるアブラナ科の植物で、野生種でもおいしい。その仲間で、黄色の花をつけるヤセイカンラン（*Brassica oleracea*、59頁を参照）は、海辺の断崖に生える。イギリスではワイルド・キャベツ（「野生のキャベツ」）と呼ばれるが、その「キャベツ」は、古フランス語で「頭」を意味する「caboche」に由来する。

シロザ　　　　　キクバアカザ　　　　　サラダ・バーネット

上：おいしい葉野菜。左：シロザの英名ファット・ヘンは、ファット・ヘンリーを略したものだが、そのほかに、ピッグウィード（「ブタの草」）やダーティ・ディック（「汚い奴」）といった別名もある。中央：キクバアカザの英名グッド・キング・ヘンリーは、この植物に関連するドイツの妖精グーター・ハインリヒに由来し、ジェラードがそれを英訳する際に「キング」を追加した。古代ローマの神にちなんだマーキュリーという名称もある。右：サラダ・バーネットは、ドーセットではプア・マンズ・ペッパー（「貧乏人のコショウ」）と呼ばれた。

自然の薬局
心臓・頭・目の病気を治す

セイヨウナツユキソウ（*Filipendula ulmaria*）は、イギリスではメドウスウィート（「草地の甘い香り」）と呼ばれる。アスピリンの有効成分であるサリチル酸を含んでいるため、以前から頭痛の治療に使われてきた（アスピリンの名称は、以前の属名 *Spiraea* をもとにしている）。また、イングランドの多くの地域でクイーン・オブ・ザ・メドウズ（「草地の女王」）とも呼ばれ、蜂蜜酒の味つけに使われたためミードワート（「蜂蜜酒の草」）との名称もある。家の床が石や土だった場合には、この植物をよく床にまき散らした。そうすれば床が柔らかくなるとともに、甘く心地よい香りがするからだ。

森林地に生える優雅なジギタリス（*Digitalis purpurea*）は、英名をフォックスグローヴ（「キツネの手袋」）というが、これは古英語の「foxes glofa」に由来する。数世代にわたる子どもたちが、そのまだら模様のある紫色の花に指を入れて遊んだものだ。こちらは古くから、心臓の病気の治療に使われてきた（右頁を参照）。フェアリー・グローヴス（「妖精の手袋」）やレディーズ・シンブル（「聖母の指ぬき」）という別称もある。

草地に生える小さなコゴメグサ（*Euphrasia* spp.）は、英名をアイブライト（「輝く目」）という。コールズは1657年、その小さな白い花についてこう記している。「紫色や黄色の斑点や筋があり、それが病気の目にきわめて似ている」。そのためコゴメグサの調合薬は、古くから目の治療に利用されてきた。ミルトンの『失楽園』では、大天使ミカエルがコゴメグサを使って、アダムの目のくもりを取り除く。

コゴメグサ

42

セイヨウナツユキソウ　　　　ジギタリス　　　　オレガノ

ビロードモウズイカ

上：自然の薬局。セイヨウナツユキソウはヤナギの樹皮同様、天然の鎮痛剤であるサリチル酸を含む。ジギタリスの葉の煎じ薬は、古くから水腫の治療薬として使われた。また、植物学者のウィリアム・ウィザリング（1741〜1799年）が1785年に、この植物は心臓に主たる効果があるとしながらも、乾燥した葉を正確な量だけ用いるのが重要だと述べている（あまりに多く用いると葉に含まれる毒素が致命的な結果を及ぼすおそれがある）。オレガノ（*Origanum vulgare*）はかつて、万能の薬草としてよく知られていた。

左：ビロードモウズイカ（*Verbascum thapsus*）は、イギリスでは一般的にグレイト・マラン（「大きなモウズイカ」）と呼ばれるが、ドーセットでは、その葉が毛に覆われていることから、ドンキーズ・イヤー（「ロバの耳」）と呼ばれた。この植物の根、茎、葉を調合した薬は、人間だけでなくウシの肺病にも処方された。

傷を癒やす植物
ヒレハリソウからノコギリソウまで

ヒレハリソウ（*Symphytum officinale*）の英名コモン・コンフリー（「一般的なヒレハリソウ」）は、ラテン語で「結合する」を意味する「confervere」に由来するが、ニットボーン（「骨をくっつける」）という名称でも親しまれてきた。この植物の根をすりおろしてどろどろにし、糸くずを混ぜて折れた手足に塗ると、この調合薬が収縮し、折れた部分を引っ張り寄せてくっつけるからだ。

ヘラオオバコ（*Plantago lanceolata*）は、イギリスではリブワート・プランタン（「畝のあるオオバコ」）と呼ばれるが、これは「足裏」を意味する「planta」にちなむ。この植物は、人がよく通る草地の道でさんざん踏みつけられても生きている。そのため、傷を治す効果があると考えられてきた。『ロミオとジュリエット』でもロミオが、傷を負ったベンヴォーリオにこの植物を勧めている。

セイヨウノコギリソウ（*Achillea millefolium*）の英名ヤロウは、その治癒効果を意味する古英語「gearwe」が変化したものだ。アキレウスはトロイア戦争の際に、この植物を使って傷口の治療をした。セイヨウノコギリソウの属名はそこから来ており、古代ローマの軍団もこれを止血に使ったという。

シベナガムラサキ（*Echium vulgare*）は、イギリスではヴァイパーズ・ビューグロス（「毒ヘビのムラサキ」）ともスネイク・フラワー（「ヘビの花」）とも呼ばれる。ルネサンス期の植物学者たちは、ディオスコリデスがヘビにかまれた傷の治療に推奨した植物はこれだと判断した。というのも、その種のさやが、毒ヘビの頭部に似ているからだ。

シベナガムラサキ

上：沿岸植物のヤクヨウトモシリソウ（*Cochlearia officinalis*）は、イギリスでコモン・スカーヴィ・グラス（「一般的な'壊血病の草'」）と呼ばれるように、1553年にドドエンスが壊血病の治療薬として推奨している。ビタミンC不足が原因で起きるこの病気は、かつては長期の海洋航海につきものだった。カッコウチョロギ（*Stachys officinalis*）の英名ベトニーは、プリニウスがスペインのヴェトン族［ローマ時代以前にイベリア半島にいた民族］にちなんで名づけた名称「vettonica」に由来する。プリニウスによれば、この植物のさまざまな薬効（消化不良から呼吸障害まで）を発見したのは、そのヴェトン族だという。ナタネタビラコ（*Lapsana communis*）の英名がニップルワート（「乳首の草」）となったのは、そのつぼみが乳首の形にやや似ているからだ。そのためドイツの薬剤師たちは、乳首の傷や潰瘍にその調合薬を処方した。煎じ薬は母乳を止める効果がある。

用途にちなんで名づけられた植物
そのほかの薬草

　伝統的な薬草は、数世紀にわたり利用されてきた。現在でも、植物を調合する薬草医がいる。

　セージ（「賢者」）の茶は、古くから記憶力を改善する効果があると考えられてきた。アルツハイマー病の進行を遅らせる可能性があるとの研究結果もある。

　アワユキハコベ（*Stellaria holostea*）は、イギリスでグレイター・スティッチワート（「大きな'差し込みの草'」）と呼ばれているように、「差し込み」や筋けいれんの治療薬として利用された。ジェラードによれば、その薬を「どんぐりの粉末と一緒にワインに混ぜて」飲んだという。

　セイヨウウツボグサ（*Prunella vulgaris*）は、セルフ・ヒール（「自己治癒」）という英名のとおり、葉のなかに切傷や打撲傷の痛みを和らげる物質を含んでいる。うがい薬としても広く使用された。フランスにはこんなことわざがある。「ウツボグサを絶やさなければ外科医はいらない」

　タチキジムシロ（*Potentilla erecta*）の英名トーメンティルは、「小さな苦痛の植物」を意味する。その根をミルクで煮たものは、激しい腹痛や歯痛の治療に使われた。また、スコットランドの島々ではこの植物を、皮をなめすのに利用した。重量比で言えば、オークの樹皮の7倍ものタンニンが含まれているからだ。

アワユキハコベ　　**セイヨウウツボグサ**　　**タチキジムシロ**

ニラニガクサ（*Teucrium scorodonia*）は、英名をウッド・セージ（「森のセージ」）という。黄色がかった緑色の小さな花を咲かせる丈の高い草で、利尿剤やリューマチの治療薬として使われる。

ニンニクガラシ（*Alliaria petiolata*）は、イギリスではガーリック・マスタード（「ニンニクのからし」）ともソース・アローン（「単独でソースになる」）とも呼ばれ、塩漬けの魚などの薬味として使われた。白い花をつける。生け垣でよく見かけるため、ジャック・バイ・ザ・ヘッジ（「生け垣のそばのヤコブ」）とも呼ばれる。

ハイクルマバソウ（*Asperula cynanchica*）は白亜質の草地、とりわけ古いアリ塚の上に生える。英名のスクィナンシーワートは、扁桃周囲潰瘍（スクィナンシー）のためのうがい薬として使用されたことによる。

チーゼル（*Dipsacus fullonum*）は、その乾燥した種の塊に、かぎのついた細いとげが無数に並んでいるため、織物の工程のなかで、布を毛羽立てる（「ティーズ」）のに利用された。

フリーベイン（*Pulicaria dysenterica*）は「ノミよけ」を意味し、頭状花序の鮮やかな黄色の花をつける。キク科に属し、キクのようなにおいがするため、除虫菊系の殺虫剤の原料となる（種のさやからつくる）。小さな家にノミがわいたときには、乾燥させたこの植物の葉の煙でいぶした。これを束にして掛けておくと予防効果もあった。

穀物畑と時計
格子柄の箱と馬の足跡

　ヒナゲシ (*Papaver rhoeas*) の英名コモン・ポピー (「一般的なケシ」) の「ポピー」という言葉の起源は、紀元前4世紀のウルで使われていたシュメール語の「pa-pa」にまでさかのぼることができる。新石器時代に農耕が発展し、中東からヨーロッパ北部へと穀類の栽培が広がるにつれて、この植物の生息域も広がり、その名称も変化を交えながらそれに続いた。ヒナゲシは、1株で1万7000もの種を生み出し、その一部は40年以上休眠状態を維持できる。そのため新たに攪乱された土地では、群生したヒナゲシにより一面がみごとな緋色に染まることもある。

　コモン・レストハロウ (*Ononis repens*) は、マメ科によくあるピンク色の花を咲かせる丈の低い野草で、以前は耕作地の雑草と見なされていた。レストハロウは「馬鍬の休み」を意味するが、これは、耕した土を砕くために馬に引かせていた馬鍬が、この植物の長く太い根茎にからまると、動かなくなってしまうことがあったからだ。この根茎は、かつてはカンゾウのようにかんで味わった。

コモン・レストハロウ

ヒナゲシ

左：レンプクソウ（*Adoxa moschatellina*）の英名モスカテルは、ギリシャ語で「ジャコウ」を意味する「moskos」に由来する。実際、この小さな植物を濡らすと、ジャコウのようなにおいを発する。カンバーランドではタウン・ホール・クロック（「市庁舎の大時計」）と呼ばれているが、それもこの植物の名にふさわしい。茎先に緑の小さな花を5つ咲かせるのだが、そのうちの4つの花は四方を向き、それぞれに5枚の花びらがあるのに、真っ直ぐ上を向く5番目の花は4枚しか花びらを備えておらず、全体が左右対称になっている。

一番上の花　側面の4つの花　花の全体図

レンプクソウ

コバンユリ

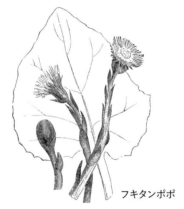

フキタンポポ

コバンユリ（*Fritillaria meleagris*）は、花びらに藤色の格子柄の模様がある。フリティラリーという英名は、ラテン語で「さいころ箱」を意味する「fritillus」に由来する。スネイクス・ヘッド・フリティラリー（「ヘビの頭のコバンユリ」）とも呼ばれ、4月になると、この植物が生き残る数少ない湿った牧草地を不思議な花で彩る。

フキタンポポ（*Tussilago farfara*）は、ウマの足跡の形に似た大きな葉をつける。英名のコルツフット（「子ウマの足」）はそれに由来する。葉が出るよりもずいぶん前に花が咲くため、サン・ビフォア・ザ・ファーザー（「父の前に子」）とも呼ばれる。葉や根を調合した薬は、せきに効果があると言われる。

物語とのつながり
象徴と意味

ブルフィンチが大型のフィンチを指すように、「ブルラッシュ」は大型のラッシュ（イグサ）を意味する。この名称は、かつてはオオフトイ（*Schoenoplectus lacustris*）を指していたが、いまではオオフトイはコモン・クラブラッシュ（「一般的な棍棒のイグサ」）という名称で知られている。現在ブルラッシュと呼ばれているのは、ガマ（*Typha latifolia*）である。こちらは、その果穂が槌矛の頭部に似ているため、グレイト・リード・メイス（「大きなアシの槌矛」）とも呼ばれる。

こうした混乱が起きたのは、ガマを描いた『ブルラッシュのなかのモーセ』という絵がヴィクトリア朝時代に民間に流布したせいだ（ただし、実際にナイル川沿いに生えていたのはパピルスだったはずである）。この絵は、ローレンス・アルマ＝タデマ卿の作とされているが、この人物がそのよ うな主題を描いたことはなかったと思われる。ちなみにガマの茂みは、その根で汚水を浄化してくれる。

ナズナ（*Capsella bursa-pastoris*）は一般的に、ありふれた雑草だと考えられている。大量の種を生み出し、1年の生育期間の間に数世代が育つこともある。英名のシェパーズ・パース（「羊飼いの財布」）は、長い柄の先に種のさやがつくことから、そう名づけられた。それが、農民が腰からぶら下げている財布を想起させるからだ。ピーテル・ブリューゲルの絵画『農民の踊り』（1567年）には、そんな農民の姿が見られる。

ナズナ

オオフトイ

ガマ

ヤイヨウミヤコグサ　　　セイヨウカワラマツバ

左：セイヨウミヤコグサ (*Lotus corniculatus*) は夏の大半の期間、ダウンランド地方の全域を豊かな明るい黄色に染めあげる丈の低い野草である。その英名バーズ・フット・トレフォイル（「鳥の足の3つ葉飾り」）は、その3つの小葉と乾いたさやの形からとられた。デヴィルズ・クロウズ（「悪魔の鉤爪」）という地方名もあったが、キリスト教化されてレディーズ・フィンガーズ（「聖母マリアの指」）という名称に置き換えられた。

セイヨウカワラマツバ (*Galium verum*) は、乾燥させると、刈ったばかりの干し草のようなにおいがし、かつてはわらのマットレスに使われた。伝説によれば、ベツレヘムの馬小屋［イエス・キリストが誕生したところ］でも寝具に使われており、キリストが誕生すると、それを称えるため、この植物の花が咲き、その小さな花の色が白から金に変わったという。英名レディーズ・ベッドストロー（「聖母マリアの寝わら」）はそれに由来する。

右：ヌマハッカ (*Mentha aquatica*) は、英名をウォーター・ミント（「水辺のミント」）という。ギリシャ神話によると、ハデスが妖精メンテの美しさに魅了されてしまったため、妻のペルセポネがメンテを足で踏みつぶし、香草のミントに変えてしまったという。ミントはいまでも、踏みつけられたときにもっとも香りを放つため、かつてはこの草を床にまき散らして使った。紫色の花をつけるため、ハンプシャーではビショップスウィード（「主教の草」）と呼ばれた［祭服に紫が用いられるため］。

ベニバナセンブリ (*Centaurium erythraea*) は濃いピンクの花をつける野草で、コモン・セントーリ（「一般的なセンブリ」）という英名の「セントーリ」は、ギリシャ神話に登場する半獣半人の種族ケンタウロスに由来する。ギリシャ神話によれば、ケンタウロス族のケイロンは薬に精通しており、ヘラクレスの矢を自分の足に刺して、ベニバナセンブリを使ってその傷を治すことで、この植物の効能を人間に教えたという。

ヌマハッカ　　　　ベニバナセンブリ

51

低木などの木本植物
生け垣によく見られるもの

ここでは低木をいくつか紹介しておこう。

イギリスでヘーゼルと呼ばれるセイヨウハシバミ（*Corylus avellana*）は、かつては定期的に刈り込まれ（7年ごとに根元まで刈り込む）、しなやかな若い枝は、編み枝細工や編み垣、屋根ふき用の支柱に使われた。雄花が尾状花であるため、ラムズ・テイルズ（「子ヒツジの尻尾」）とも呼ばれる。小さな赤い雌花は、ヘーゼルナッツになる。

セイヨウサンザシ（*Crataegus monogyna*）は、生け垣に使われるごく一般的な低木で、その英名ホーソーン（「サンザシの実ととげ」）は、そのとげとベリーのような実にちなんで命名された。メイ（「5月」）という別名もあるが、これは、ユリウス暦がグレゴリオ暦に置き換えられる前の時代（イギリスでは1752年以前）には、この低木が5月1日ごろに花を咲かせたからだ。現在の暦では、5月の半ばごろに花をつける。「Ne' er cast a clout till May be out」ということわざは、（イギリスの冬は寒さが厳しいため）「5月が過ぎるまでは衣服を捨ててはいけない」という意味ではなく、「セイヨウサンザシが咲き始めるまでは衣服を捨ててはいけない」という意味である可能性が高い。

セイヨウハシバミ

セイヨウサンザシ

スピノサスモモ

ハリエニシダ

フサフジウツギ

セイヨウニワトコ

上：イギリスでブラックソーン（「黒いとげ」）と呼ばれるスピノサスモモ（*Prunus spinosa*）は、雪のように白い花の雲で春の生け垣を満たす。春先の暖かい日のあとによくある急激な寒さは、ブラックソーン・ウィンター（「スピノサスモモの冬」）と呼ばれる。とげに覆われた生け垣や杖をつくるのによく、スローと呼ばれる青黒い実は、スローワインやスロージンに使われる。

ハリエニシダ（*Ulex europaeus*）は、イギリス全般ではゴース、ニューフォレスト国立公園ではファーズと呼ばれ、動物の飼い葉やかまどの燃料として利用されてきた。1年のどの時期でも常に黄色の花を誇示しているように見えるため、「ハリエニシダが咲いていないときにキスをするのはタイミングが悪い」ということわざがある。

フサフジウツギ（*Buddleja davidii*）は英名をバドリア（属名の英語読み）といい、1890年代に中国から渡来した。庭の装飾用低木として植えられているうちに、大半の荒れ地がこの植物に占領されてしまった。紫色の花が並ぶ花穂は蜜が豊富で、多くのチョウの生活を支えており、バタフライ・ブッシュ（「チョウの低木」）という俗称もある。

セイヨウニワトコ（*Sambucus nigra*）は、密に茂る低木だ。その実はよく地ワインに使われ、白い花は強心剤の原料になる。イギリスではエルダーと呼ばれる。

つる植物
光を求めて上へ

　つる植物のなかには、木本もあれば草本もある。いずれも、低木や高木、建物を利用して上へとよじ登っていく。興味深いことに、セイヨウキヅタの英名アイヴィ、セイヨウヤブイチゴの英名ブランブルは、ホリー（セイヨウヒイラギの英名）やホーソーン、ブラックソーン、スロー、ヘーゼル、エルダー、ゴース、ファーズなどと同様、少なくとも紀元1100年以前の古英語を起源とする。

　ニオイエンドウ（*Lonicera peridymenum*）の英名ハニーサックル（「蜜を吸う」）は、花から分泌される蜜に由来する。夜にもっとも強く芳香を放ち、蜜を吸う蛾を引き寄せて受粉させる。セイヨウキヅタ（*Hedera helix*）はつる性木本で、木々や廃屋を覆い尽くすこともある。秋に咲く花は、その時期の昆虫にとって重要な食料源となる。セイヨウヒイラギ（*Ilex aquifolium*）とともに、クリスマスに使われる伝統的な常緑樹の定番だが、これは、キリスト教以前の異教の民間伝承が移し替えられたものである。シェイクスピアは『夏の夜の夢』のなかで、もつれ合った恋人たちの比喩として、セイヨウキヅタやニオイエンドウを使っている。

ニオイエンドウ

セイヨウヒイラギ

セイヨウキヅタ

左：ホースシュー・ヴェッチ（「馬蹄のエンドウ」、*Hippocrepis comosa*）。イギリスで見かけるヴェッチ（マメ科の仲間）には、およそ8種ある。「ヴェッチ」という名称は、古いノルマンディ方言のフランス語で「よじ登る習性」を意味する「veche」に由来する。もっと一般的なキドニー・ヴェッチ（「腎臓のエンドウ」）の名称は、根出葉［地上の茎の基部についた葉］の形にちなむ。

下：イギリスでブランブルあるいはブラックベリーと呼ばれるセイヨウヤブイチゴ（*Rubus 'fruticosus'*）は、とげを持つ茎で輪を描くようによじ登ったり、やぶを形成したりする。この実の採集は、狩猟採集時代から変わらずいまも人気である。9月29日の聖ミカエルの日を過ぎると悪魔がこの実につばを吐きかけるため、摘んではいけないと言われている。

セイヨウヒルガオ（*Convolvulus arvensis*）の英名はフィールド・バインドウィード（「野のつる草」）である。ピンクと白の花をつけるこの植物は、属名からコンヴォルヴュラスとも呼ばれる。この属名は、ラテン語で「私は絡みつく」を意味する「convolvo」に由来する。別名のコーンバイン（「穀物のつる」）も、ほかの植物を伝ってはい上がっていく習性を指している。それより大きな白い花をつけるヒロハヒルガオ（*Calystegia sepium*）も、上記の植物と混同されて、よくコンヴォルヴュラスと呼ばれる。一般的にはヘッジ・バインドウィード（「生け垣のつる草」）と呼ばれるが、かつてはレディーズ・ナイトキャップ（「聖母マリアの寝帽」）やウィジーワインド（「しなやかな巻き」）と呼ぶ地方もあった。

ホースシュー・
ヴェッチ

セイヨウヤブイチゴ　　　　　　セイヨウヒルガオ

毒のある植物

ナイトシェイドはいかに危険か?

イギリスの田舎には、無害な植物に混じって、命にかかわる危険な植物がいくつかある。

ベラドンナ（*Atropa belladonna*）は、イギリスではデッドリー・ナイトシェイド（「死のナス」）と呼ばれ、紫色の花をつけたあとに黒い実がなる。どの部分も有毒だが、実は特に毒性が強い。子どもは2粒か3粒で死に至り、10粒から20粒食べれば大人でも死ぬおそれがある。16世紀のヴェネツィアでは、この毒を薄めた薬が美容に使われていた。この薬を点眼すると瞳が大きくなり、美しく見えると言われていたのだ。「ベラドンナ（美しい女性）」という種名の由来はここにある。

一方、ウッディ・ナイトシェイド（「森のナス」）と呼ばれるズルカマラ（*Solanum dulcamara*）は、生け垣をはい上がるつる性草本で、ベラドンナと混同されることがあるが、その実は黒くなく、毒性も死ぬほどではない。ビタースウィート（「ほろ苦い」）とも呼ばれる。トマトやジャガイモと同じ、ナス属（*Solanum*）の仲間である。

さらに、エンチャンターズ・ナイトシェイド（「魔法使いのナス」、*Circaea lutetiana*）という植物もあるが、この植物は「魔法使い」とは何の関係もない。

ベラドンナ

ズルカマラ

エンチャンターズ・
ナイトシェイド

左：エナントサフラン（*Oenanthe crocata*）は、英名をヘムロック・ウォーター・ドロップワート（「毒のある水辺のシモツケソウ」）という。シャクに似た丈の高い草だが、茎に紫色の染みがあり、不愉快なにおいがする（ネズミの小便のにおいに似ていると言われる！）。ウマやウシにとって有害なため、ヨークシャーではカウペイン（「ウシの毒」）という名がついた。その根はデッド・メンズ・フィンガーズ（「死人の指」）と呼ばれる。人間にとってもあらゆる部分が有害であり、1口食べただけで死に至るおそれがある。

エナントサフラン

右：ヨウシュトリカブト（*Aconitum napellus*）は、小さな青いヘルメットのような形の花をつけるため、イギリスではモンクス・フード（「修道士の頭巾」）と呼ばれる。デヴィルズ・ヘルメット（「悪魔のヘルメット」）という別称もあるが、これは有毒な性質を指している。どの部分も有毒であり、特に根の毒性が強く、死に至るおそれもあるが、不愉快なにおいがあるため、死に至るようなケースはほとんど起きない。切傷から毒素が血流に入る場合もあるため、取り扱いには注意が必要である。近縁種が矢じりの毒に使われてきた。

ヨウシュトリカブト

ドッグズ・マーキュリー

左：ドッグズ・マーキュリー（「イヌのヤマアイ」、*Mercurialis perennis*）は、小さな緑色の花をつける植物で、林床のかなりの部分を埋めてしまうこともある。例のごとく、「ドッグ（イヌ）」は植物名につけられる卑小語である。イギリスで一般的にマーキュリーと呼ばれる植物（41頁のキクバアカザに代表されるアカザ属）とは違い、これはきわめて毒性が強い。この植物を摂取すると、嘔吐、黄疸、昏睡の末、死に至るおそれがある。

野草を守るために

　先史時代から比較的最近まで、田舎で育った子どもは、一般的な野草の名前をことごとく覚えたものだった。野草は、耕作地にも荒涼とした荒れ地にも、海岸にも山の岩肌にも、森林地にも草地にも、どこにでも見つかった。場所によってはいまでも繁茂している。

　だがこの数十年の間に、都市化が田舎にまで広がった。また現代的な農業のせいで、数キロメートルも広がる低木が伐採され、花々で覆われた湿地が干拓され、除草剤が広範に使用された。

　この破壊の流れを食い止めるため、公共団体や慈善団体など、さまざまな環境保護団体が自然保護区の野生植物の生物多様性を維持しようと努力し、田舎の貴重な宝を守るよう土地所有者や大衆に訴えている。果たすべき役割は誰にでもある。

図版出典

本書の図版は、多種多様な出典から借用している。その多くは、1597年に出版された1484頁に及ぶジェラードの著書『Herball（ジェラードの本草書）』による。また、C・A・ジョン師の著書『Flowers of the Field』（1919年の34版、初版は1853年）からも数多く採用した。この書籍の線画は、ジョンの姉妹であるジュリアとエミリーが描き、網版の図版は、ヴィクトリア朝時代の傑出した植物画家エミリー・スタックハウスの水彩画をもとにしている。ほかの挿絵は以下による。ペーター・シェーファー出版『Herbarius Latinus（ラテン語本草書）』（1484年）、コンラート・メゲンベルク著『Buch der Natur（自然についての本）』（1475年）、ジャンバッティスタ・デッラ・ポルタ著『Phytognomonica（植物観相学）』（1588年）、J・ミラン出版『Botanicum Medicinale』（1768年）、ウィリアム・カーティス著『Flora Londinensis』（1777年　）、『Botanical Magazine』（1800〜1948年）、および以下の著者の植物誌。ピーター・トレヴェリス（1526年）、フリードリヒ・ハイン（1805〜1846年）、ヤン・コップス（1800〜1920年）、J・ロック（1821、1825年）、ヘルマン・ケーラー（1887、1890年）、ヴィリバルト・アルトゥス（1846、1855年）、アルフレッド・ベネット&ジョージ・マレー（1889年）、フレデリック・ヒューム（1890年）、ウィリアム・ドラリー（1900年）、シャルル・ガローラ（1904年）、F・ロッシュ（1914年）。標準的な英名や学名は『Collins Wild Flower Guide』（2016年版）によるが、一部の学名は現在の慣用法に従って修正している。

ヤセイカンラン
（41頁）

著者●ジェラルド・ポンティング

イングランド中南部を拠点とする作家、写真家。自然史を学ぶ一方、1974年から
スコットランドのルイス島に住み、カラニッシュ遺跡のストーン・サークルを研
究した。シェイクスピアの戯曲に登場する花々を紹介した『Shakespeare's
Fantastic Garlands』、イギリス南部ニューフォレストの森や牧草地のガイドブック
『Visitors Guide to the New Forest』など著書多数。

訳者●山田美明（やまだ よしあき）

英語・フランス語翻訳家。訳書に『イギリスの美しい樹木』『プロポーション』『毒
のある美しい植物』（いずれも創元社アルケミスト双書）、『プランタ・サピエンス』
（KADOKAWA）、『竹の文化誌』（原書房）などがある。

イギリスの美しい野の花 名前の由来と伝承

2024年11月20日　第1版第1刷発行

著　者	ジェラルド・ポンティング
訳　者	山田美明
発行者	矢部敬一
発行所	株式会社 創元社

〈本　　社〉
〒541-0047 大阪市中央区淡路町4-3-6
TEL.06-6231-9010（代）　FAX.06-6233-3111（代）
〈東京支店〉
〒101-0051 東京都千代田区神田神保町1-2 田辺ビル
TEL.03-6811-0662（代）
https://www.sogensha.co.jp/

印刷所	TOPPANクロレ株式会社
装　丁	WOODEN BOOKS

©2024, Printed in Japan
ISBN978-4-422-21555-6 C0345

〈検印廃止〉落丁・乱丁のときはお取り替えいたします。

JCOPY 〈出版者著作権管理機構 委託出版物〉
本書の無断複製は著作権法上での例外を除き禁じられています。複製され
る場合は、そのつど事前に、出版者著作権管理機構（電話03-5244-5088、
FAX 03-5244-5089、e-mail: info@jcopy.or.jp）の許諾を得てください。